# essentials

*essentials* liefern aktuelles Wissen in konzentrierter Form. Die Essenz dessen, worauf es als „State-of-the-Art" in der gegenwärtigen Fachdiskussion oder in der Praxis ankommt. *essentials* informieren schnell, unkompliziert und verständlich

- als Einführung in ein aktuelles Thema aus Ihrem Fachgebiet
- als Einstieg in ein für Sie noch unbekanntes Themenfeld
- als Einblick, um zum Thema mitreden zu können

Die Bücher in elektronischer und gedruckter Form bringen das Expertenwissen von Springer-Fachautoren kompakt zur Darstellung. Sie sind besonders für die Nutzung als eBook auf Tablet-PCs, eBook-Readern und Smartphones geeignet. *essentials:* Wissensbausteine aus den Wirtschafts-, Sozial- und Geisteswissenschaften, aus Technik und Naturwissenschaften sowie aus Medizin, Psychologie und Gesundheitsberufen. Von renommierten Autoren aller Springer-Verlagsmarken.

Weitere Bände in dieser Reihe http://www.springer.com/series/13088

Susanne Langbein

# Chemische Gleichgewichte

## Ein Abriss über die wichtigsten Reaktionen in wässriger Lösung

Dr. Susanne Langbein
KTE – Kerntechnische Entsorgung
Karlsruhe GmbH
Eggenstein-Leopoldshafen, Deutschland

ISSN 2197-6708         ISSN 2197-6716   (electronic)
essentials
ISBN 978-3-658-17174-2         ISBN 978-3-658-17175-9   (eBook)
DOI 10.1007/978-3-658-17175-9

Die Deutsche Nationalbibliothek verzeichnet diese Publikation in der Deutschen Nationalbibliografie; detaillierte bibliografische Daten sind im Internet über http://dnb.d-nb.de abrufbar.



Gedruckt auf säurefreiem und chlorfrei gebleichtem Papier

Springer Spektrum ist Teil von Springer Nature
Die eingetragene Gesellschaft ist Springer Fachmedien Wiesbaden GmbH
Die Anschrift der Gesellschaft ist: Abraham-Lincoln-Str. 46, 65189 Wiesbaden, Germany

# Was Sie in diesem *essential* finden können

- Eine Einführung in das chemische Gleichgewicht und das Prinzip von LE CHÂTELIER
- Betrachtungen von Reaktionen in wässriger Lösung (Säure-Base-Reaktionen, Fällungs- und Komplexbildungsreaktionen, Redoxreaktionen)
- Labor-Tipps, zahlreiche Beispiele und Hintergrundinformationen zum Themengebiet
- Beispielaufgaben und Aufgaben zum selbstständigen Lösen. Die Antworten sind aus den Texten ersichtlich

# Vorwort

Die Idee zu diesem *essential* gab ein geplantes Projekt des Verlages Springer mit Studenten des Fachbereichs Chemie. Das Konzept dieses Projektes war der Slogan *Von Studenten für Studenten* und sollte den Studenten des Bachelors auf einem einfachen Niveau die Chemie näherbringen. Aus diesem Projekt ist nun das folgende Springer *essential* entstanden, was demselben Konzept folgt und Studenten das Chemische Gleichgewicht sowie dieses Prinzip anhand einigen Beispielen auf einfache Weise verdeutlicht.

In Kooperation mit ANNE SCHÖFFLER und DR. MARIE-LOUISE K. MORKOS der Universität Heidelberg, die netterweise die Korrekturarbeiten übernommen haben, sowie ANDREAS LANGBEIN, der einige der Bilder bearbeitet und erstellt hat, wurde hier auf Basis von verschiedenen Lehrbüchern ein Werk zusammengestellt, was den Einstieg in die chemischen Gleichgewichte erleichtern soll. Mit dem zugrunde liegenden Konzept *von Studenten für Studenten* sind die Sachverhalte rund um die Themen *Das chemische Gleichgewicht, Säure-Base-Reaktionen oder auch Redoxreaktionen* einfach und veranschaulicht erläutert. Dabei wurde besonders Wert daraufgelegt, dass jedermann mit Grundwissen in Chemie in das Themengebiet eintauchen kann und sich einen guten Überblick über die wichtigsten Reaktionen in wässriger Lösung verschaffen kann.

Die meisten Reaktionen in der Chemie unterliegen einem Gleichgewicht – ob dies nun auf der Seite der eingesetzten Ausgangsstoffe liegt oder auf der Seite der Produkte, sei erst mal dahingestellt. Es ist wichtig, sich mit einigen Reaktionen auseinanderzusetzen und dabei Grundlagen wie das Prinzip von LE CHÂTELIER oder auch die NERNST-Gleichung nicht zu vergessen.

Die in diesem *essential* verwendeten Lehrbücher, die als weiterführende Literatur zum Nachschlagen empfohlen werden, sind zum Beispiel *Allgemeine Chemie – Chemie Basiswissen I* und *Analytische Chemie – Chemie Basiswissen III* von HANS P. LATSCHA und HELMUT KLEIN. Weitere empfehlenswerte Lehrbücher sind *Anorganische Chemie* von ERWIN RIEDEL sowie *Koordinationschemie* von LUTZ H. GADE und *Chemie: Das Basiswissen der Chemie* von CHARLES E. MORTIMER UND ULLRICH MÜLLER als Grundlagenliteratur.

Eggenstein-Leopoldshafen, Deutschland                                    Susanne Langbein

# Inhaltsverzeichnis

# Einführung 1

Voraussetzung für eine Reaktion in wässriger Lösung ist, dass sich die Reaktanten teilweise bis vollständig in Wasser lösen. Das kann man sich sehr gut mit Kochsalz (Natriumchlorid) vorstellen. Wenn man eine Kochsalzlösung herstellt, so wird das NaCl in seine Ionen zerlegt, ein positiv geladenes Natriumion und ein negativ geladenes Chloridion. Diese Ionen bewegen sich nun frei in der Lösung. Fügt man anschließend eine zweite Lösung hinzu, beispielsweise eine Silbernitratlösung, so befinden sich nun vier verschiedene Ionen in der Lösung. Diese Ionen sind in Lösung frei beweglich. Man kann sich das vorstellen, wie eine große, mit Wasser gefüllte Schüssel mit verschiedenen Kugeln darin. Schüttelt man nun diese Schüssel, so stoßen die Kugeln, oder in diesem Fall die Ionen zusammen – es entstehen neue Verbindungen (Abb. 1.1). In diesem Fall verbinden sich das positive Silberion und das negative Chloridion, die als schwerlösliches Silberchlorid ausfallen. Die beiden anderen Ionen sind weiterhin im Wasser gelöst.

Eine derartige Reaktion ist die einfachste in wässriger Lösung und nennt sich **Metathese-Reaktion.**

> **Übrigens**
> Im Jahr 2005 wurden die Chemiker YVES CHAUVIN, ROBERT H. GRUBBS und RICHARD R. SCHROCK *für die Entwicklung der Metathese Methode in der organischen Synthese* mit dem Nobelpreis ausgezeichnet („The noble prize in chemistry" 2014).

© Springer Fachmedien Wiesbaden GmbH 2017
S. Langbein, *Chemische Gleichgewichte*, essentials,
DOI 10.1007/978-3-658-17175-9_1

$$NaCl(aq) + AgNO_3(aq) \;\rightleftharpoons\; AgCl(s) + NaNO_3(aq)$$

$$Na^{\oplus} + Cl^{\ominus} + Ag^{\oplus} + NO_3^{\ominus} \;\rightleftharpoons\; AgCl\downarrow + Na^{\oplus} + NO_3^{\ominus}$$

**Abb. 1.1**  Reaktion von NaCl mit AgNO$_3$ in wässriger Lösung

Bei der Metathese-Reaktion handelt es sich generell um eine Austauschreaktion, die in folgender allgemeinen Form beschrieben werden kann:

$$AX + EZ \rightleftharpoons EX + AZ$$
$$A^+ + X^- + E^+ + Z^- \rightleftharpoons A^+ + Z^- + E^+ + X^-$$

Hierbei handelt es sich nicht nur um eine Austauschreaktion, sondern auch um eine Gleichgewichtsreaktion. Daher muss eine der Komponenten dem Gleichgewicht entzogen werden, damit eine sichtbare Reaktion abläuft. Ansonsten würden einfach alle Ionen solvatisiert, also in Lösung bleiben und es passiert rein äußerlich betrachtet nichts.

## Gleichgewichtsreaktionen

Eine Gleichgewichtsreaktion, bei der sogar optisch eine Reaktion zu beobachten ist, wurde bereits beschrieben. Wie könnte jetzt eine Gleichgewichtsreaktion aussehen, bei der rein äußerlich nichts passiert?

Hierzu kommen alle Reaktionen infrage, bei denen keiner der beiden Produkte dem Gleichgewicht entzogen wird. Ein gutes Beispiel dafür ist die Reaktion von Natriumchlorid mit Kaliumbromid.

$$NaCl + KBr \rightleftharpoons KCl + NaBr$$

Sowohl Produkte als auch Edukte liegen in wässriger Lösung als Ionen vor. Das heißt, die Reaktion findet zwar statt, kann aber von außen betrachtet nicht beobachtet werden.

Bevor man sich daher weiter mit den unterschiedlichen Reaktionen in wässriger Lösung beschäftigt, muss man sich zunächst das chemische Gleichgewicht anschauen.

# Das Chemische Gleichgewicht

2

▶ Ein chemisches Gleichgewicht herrscht dann, wenn Hin- sowie Rückreaktion gleich schnell ablaufen. Die Reaktionsgeschwindigkeit der
Gesamtreaktion erscheint daher gleich null, obwohl die Reaktionen
sehr wohl stattfinden.

Bei jeder chemischen Reaktion wird sich mit der Zeit ein Gleichgewicht einstellen, bei dem sich dann die Edukt- und Produktkonzentrationen nicht mehr
verändern. Hat sich ein Gleichgewicht eingestellt, so kann mithilfe der Gleichgewichtskonstante K das Verhältnis der Konzentrationen $c$ von Produkten zu Edukten beschrieben werden. So wird festgestellt, auf welcher Seite das Gleichgewicht
liegt und ob Produkte oder Edukte bevorzugt werden.

Für eine Reaktion der folgenden Form gilt:

$$A + B \rightleftharpoons C$$

$$K = \frac{C_C}{C_A \cdot C_B} \tag{2.1}$$

Sind mehrere Edukte und Produkte vorhanden, kann die Gleichgewichtskonstante
wie folgt beschrieben werden:

$$a\,A + b\,B + d\,D \rightleftharpoons e\,E + f\,F + g\,G$$

$$K = \frac{C_E^e \cdot C_F^f \cdot C_G^g}{C_A^a \cdot C_B^b \cdot C_D^d} \tag{2.2}$$

© Springer Fachmedien Wiesbaden GmbH 2017        3
S. Langbein, *Chemische Gleichgewichte*, essentials,
DOI 10.1007/978-3-658-17175-9_2

Dabei sind A, B und D die Edukte mit a, b und d als jeweilige Koeffizienten. E, F und G sind die Produkte mit e, f und g als deren Koeffizienten.

Diese Form der Konzentrationsverhältnisse von Produkten zu Edukten wird als Massenwirkungsgesetzt (MWG) bezeichnet und ist für alle chemischen Gleichgewichte gültig.

**Fragen**

Eine kleine Übung zum Vertiefen des Massenwirkungsgesetzes. Stelle für die unten aufgeführten Beispiele das MWG auf.

a) $2\,N_2 + 5\,O_2 \rightleftharpoons 2\,N_2O_5$
b) $4\,H_2O \rightleftharpoons 2\,H_3O^+ + 2\,OH^-$

Ein vorhandenes chemisches Gleichgewicht kann durch äußere Einwirkungen gestört und somit die Reaktion beeinflusst werden. Dieses Prinzip nennt sich das **Prinzip von Le Châtelier** oder auch das Prinzip des kleinsten Zwanges (Tab. 2.1).

## 2.1  Das Prinzip von Le Châtelier

Mithilfe der Temperaturregelung kann in einem Gleichgewicht entweder die exotherme (frei werdende Energie) oder endotherme (Aufnehmen der Energie) Reaktion beeinflusst werden. Beispielsweise benötigt eine endotherme Reaktion Energie um überhaupt abzulaufen. Diese Energie kann dem Reaktionsgemisch in Form von Hitze zugeführt werden. Die Reaktion erhält einen Schub und das Gleichgewicht

**Tab. 2.1** Prinzip von Le Châtelier

| Einfluss auf das System | Verschiebung des Gleichgewichts |
| --- | --- |
| Erhöhung der Temperatur | Begünstigung der endothermen Reaktion |
| Senkung der Temperatur | Begünstigung der exothermen Reaktion |
| Druckerhöhung | Begünstigung der niedrigeren Teilchenzahl |
| Druckerniedrigung | Begünstigung der höheren Teilchenzahl |
| Erhöhung der Eduktkonzentration/Senkung der Produktkonzentration | Begünstigung der Produkte |
| Erhöhung der Produktkonzentration/Senkung der Eduktkonzentration | Begünstigung der Edukte |

verschiebt sich auf die Seite der Produkte. Entgegen dazu bewirkt eine Temperaturerhöhung bei einer exothermen Reaktion, das heißt bei einer Reaktion, die von alleine schon Energie entwickelt, eine Hemmung der Reaktion und das Gleichgewicht verschiebt sich auf die Seite der Edukte. Nun kann man dem System nicht nur Energie hinzufügen, sondern auch durch Temperaturerniedrigung entziehen. Hierbei wird logischerweise eine exotherme Reaktion begünstigt und eine endotherme benachteiligt.

Diese Verschiebung des Gleichgewichts wird ebenso durch eine Veränderung des Drucks im System erreicht. Dabei betrachtet man die Teilchenanzahlen auf Edukt- und Produktseite. Sind diese gleich, hat eine Druckänderung kaum Einfluss auf das vorliegende Gleichgewicht, sind die Teilchenzahlen jedoch unterschiedlich, kann mit Hilfe von Druckänderung das Gleichgewicht verschoben werden. Wird der Druck erhöht, verschiebt sich das Gleichgewicht auf die Seite mit geringerer Teilchenzahl, bei Druckerniedrigung auf die Seite mit mehr Teilchen. Stellt man sich das einmal bildlich vor, so verengt man das vorhandene Volumen im System durch Druckerhöhung und weniger Teilchen haben Platz, somit wird die Seite mit kleinerer Teilchenzahl bevorzugt. Ist das Gegenteil der Fall und das Volumen wird erhöht, so haben auch mehr Teilchen Platz.

$$\rho = \frac{F}{A}$$

Der Druck $\rho$ ist durch den Betrag der Kraft $F$, die auf die Fläche $A$ wirkt, definiert. Wird also das Reaktionsgefäß verkleinert, so ändert sich $A$ proportional dazu und der Druck wird höher. Wird durch Komprimierung des Gases das Volumen im Reaktionsgefäß geändert, so wird derselbe Effekt beobachtet.

Verwechselt trotzdem Gefäßvolumen nicht mit dem Volumen im System, auch wenn der Druck auf identische Weise beeinflusst wird, sind es zwei unterschiedliche Dinge.

Man muss jedoch darauf achten, dass eine starke Beeinflussung durch Druck hauptsächlich im Bereich der Gase und Flüssigkeiten auftritt. Ist dies nicht der Fall, so hat eine Druckänderung nur minimalen bis keinen Einfluss auf das System.

Als letztes wird noch die Stoffmengenkonzentration betrachtet. Dabei werden die einzelnen Konzentrationen der Edukte und der Produkte betrachtet. Wird nun beispielsweise die Konzentration eines der Produkte verringert, verschiebt sich das Gleichgewicht dementsprechend zeitweise auf die Seite der

Produkte. Denselben Effekt erzielt man durch Erhöhung einer Eduktkonzentration. Da Edukt und Produktkonzentrationen direkt zusammenhängen stellt sich das Gleichgewicht nach Verbrauch des überschüssigen Edukts oder Synthese des zu niedrigen Produkts wieder ein. Um das Gleichgewicht über einen längeren Zeitraum zu verschieben, und zwar bis zum vollständigen Verbrauch der Edukte, muss daher ein Produkt dauerhaft aus dem System entfernt werden. Dies kann beispielsweise durch Fällung oder Gasentwicklung geschehen. Eine zusammenfassende Übersicht der verschiedenen Auswirkungen ist in Tab. 2.1 beschrieben.

**Beispiel**

Das Haber Bosch Verfahren, dass 1910 von der BASF zum Patent angemeldet wurde (BASF 1908), bedient sich ebenfalls dem Prinzip von LE CHÂTELIER.

$$3\,H_2 + N_2 \rightleftharpoons 2\,NH_3 \quad \Delta H < 0$$

Die Überlegung, die hier gemacht werden muss ist, welche Reaktionsbedingungen verändert werden müssen, um das Gleichgewicht auf die Seite des Ammoniaks zu verschieben.

Die verwendeten Bedingungen beim Haber Bosch Verfahren sind wie folgt: Der Druck beim Haber Bosch Verfahren liegt zwischen 250 und 300 bar und die Temperatur liegt zwischen 450–550 °C. Es werden also Druck und Temperatur im Reaktionsgefäß erhöht. Betrachtet man die Reaktion genauer, so kann man feststellen, dass auf der Seite der Produkte weniger Teilchen vorhanden sind als auf der Seite der Edukte. Bei der Ammoniaksynthese wird also durch Druckerhöhung das Gleichgewicht auf die Produktseite verlagert. Die Temperatur spielt ebenfalls eine wichtige Rolle und ist mit 450–550 °C sehr hoch, sodass die endotherme Reaktion und somit Eduktseite begünstigt wird. Dies ist eigentlich ein Widerspruch. Da jedoch außerdem ein Katalysator eingesetzt wird und dieser erst bei höheren Temperaturen aktiviert wird, sind hohe Temperaturen unausweichlich. Mit steigender Temperatur würde also die Wirksamkeit aber auch der Zerfall des Ammoniaks steigen. Der gewählte Temperaturbereich bietet die optimalen Bedingungen für das Zusammenspiel von Katalysator und Zerfall des Ammoniaks. Außerdem wird durch Kühlung der Gase der Ammoniak verflüssigt und so dem Gleichgewicht entzogen, was die Produktbildung wieder begünstigt. Die verbleibenden Gase werden zurückgewonnen und der Reaktion wieder zugeführt.

Mit diesem Wissen kann man sich nun zunächst kurz die verschiedenen Reaktionen in wässriger Lösung anschauen. Später werden die Reaktionen und deren Hintergrundwissen im Detail betrachtet.

Zu den verschiedenen Reaktionen gehört unter anderem auch die Säure-Base-Reaktion. Das einfachste Beispiel ist dabei die Reaktion einer starken Säure, wie Salzsäure, mit einer starken Base, wie Natronlauge. Auch hier betrachtet man die Ionen in Lösung. Beim Austausch der Anionen und Kationen entsteht zum einen Wasser und zum anderen Natriumchlorid. Dieses Prinzip des Austauschs kann ebenso auf weitere Reaktionen, so auch auf die Fällungsreaktionen und Komplexbildungsreaktionen, angewendet werden. Bei der Fällungsreaktion fällt immer eine der neu gebildeten Verbindungen aus, das heißt, diese wird sich nicht mehr in dem vorhandenen Lösungsmittel lösen. Bei der Reaktion in Abb. 1.1 liegt so eine Fällungsreaktion vor. Das Silberchlorid ist in wässriger Lösung nicht mehr löslich und wird sich daher als weißer Niederschlag absetzten.

---

**Labor-Tipps**

Fällungsreaktionen sind manchmal sehr praktisch zum Aufreinigen. Man sollte sich daher immer vorher mit seiner Reaktion beschäftigen und sich darüber im Klaren sein, ob eine der Produktkomponenten im gewählten Lösungsmittel unlöslich ist. Ist dies der Fall, so kann das Produkt filtriert und gereinigt werden. Dadurch erhält man meist sehr reine Produkte.

Bei der Komplexbildungsreaktion muss man sich zunächst mit den Komplexen beschäftigen. An dieser Stelle wäre es gut, sich damit kurz vertraut zu machen. Das könntet ihr beispielsweise in der weiterführenden Fachliteratur machen. Bei Komplexbildungsreaktionen betrachtet man einen Liganden und dessen Zentra-


© Springer Fachmedien Wiesbaden GmbH 2017

S. Langbein, *Chemische Gleichgewichte*, essentials,

DOI 10.1007/978-3-658-17175-9_3

latom. Auch hier sind verschiedene Verbindungen vorhanden, die in Lösung einen Austausch durchführen. Dieser Austausch kann entweder ein Ligandenaustausch sein oder ein Tausch des Zentralatoms. Die Ligandenfeldstabilisierungsenergie, welche in diesem Zusammenhang eine wichtige Rolle spielt, wird später im Detail betrachtet.

Als letztes wird noch die Redox-Reaktion kurz erläutert. Hierbei werden nicht wie in den vorherigen Reaktionen direkt Ionen oder Moleküle ausgetauscht, sondern man begibt sich auf die Ebene von Elektronen. Dabei werden Elektronen von einem Atom auf das andere übertragen, das heißt ein Atom wird oxidiert und gibt Elektronen ab und ein anderes Atom (das auch in einem Molekül eingebunden sein kann!) nimmt diese Elektronen auf und wird reduziert.

Alle diese erwähnten Reaktionen werden nun in den folgenden Kapiteln im Detail betrachtet. Dabei darf man natürlich nicht vergessen, dass eine Komplexbildungsreaktion auch eine Fällungsreaktion sein kann und alle betrachteten Reaktionen Metathese-Reaktionen sind. Man darf also nicht alles in eine Schublade schieben, sondern muss auch die Gemeinsamkeiten und übergreifenden Eigenschaften betrachten.

## 3.1  Säure-Base-Reaktion

**Ein kurzer historischer Abriss**
Im Laufe der Zeit haben sich verschiedene Theorien über die Definition von Säuren und Basen entwickelt. Im 17. Jahrhundert (1663) gab BOYLE eine der ersten allgemein gültigen Definitionen. Diese basierte auf den Eigenschaften von Säuren und Basen, die pflanzliche Stoffe verfärbten. So wurde blauer Lackmus durch Säureeinwirkung rot und roter Lackmus durch Baseneinwirkung blau. Im 19. Jahrhundert beschrieb ARRHENIUS Säuren und Basen als Elektrolyte, wobei eine Säure in wässriger Lösung $H^+$-Ionen bildet und eine Base $OH^-$-Ionen. Die Neutralisationsreaktion wäre dementsprechend die Reaktion von $H^+$-Ionen mit $OH^-$-Ionen zu Wasser.

Erst 1923 entstand eine der bis heute allgemein gültigen Definitionen für Säuren und Basen, die JOHANNES BRØNSTEDT und THOMAS LOWRY unabhängig voneinander entwickelten. Dabei ist eine Säure ein Stoff, der Protonen abgibt und eine Base ein Stoff, der Protonen aufnimmt.

Ebenfalls 1923 entwickelte GILBERT N. LEWIS ein Säure-Base-Konzept, welches jedoch erst ein Jahrzehnt später ausgearbeitet wurde. Dieses basiert auf dem Prinzip der Elektronenpaare. Dabei verfügt eine Säure über eine

Elektronenpaar-Lücke, während eine Base ein freies Elektronenpaar verfügt, welches einer kovalenten Bindung zur Verfügung gestellt werden kann.

Die letzten beiden Konzepte sind die bis heute allgemein gültigen Definitionen.

(Mortimer 2001, 7. Auflage)

▶ **Säure-Base-Definition nach B**RØNSTEDT

**Säuren** sind Protonen-Donatoren, sie können ein Proton ($H^+$) abgeben.
**Basen** sind Protonen-Akzeptoren, sie nehmen Protonen ($H^+$) auf.

Wie schon im Exkurs beschrieben, existieren verschiedene Säure-Base-Konzepte. In diesem Kapitel wird das Prinzip von BRØNSTEDT sowie das von LEWIS näher betrachtet.

## 3.1.1 Säure-Base-Theorie nach Brønstedt

Man versteht unter Brønstedt-Säuren beispielsweise anorganische Säuren, wie Salzsäure (HCl) oder Schwefelsäure ($H_2SO_4$). Sie haben die Eigenschaft, ein oder mehrere Protonen ($H^+$) abzugeben. Es gibt aber auch organische Säuren, die als Brønstedt-Säure beschrieben werden können. So zum Beispiel die Essigsäure $CH_3COOH$. Es gibt also viele verschiedene Säuren, die nach Brønstedt definiert sind. Dabei können Säuren verschiedene Wertigkeiten besitzen. Die Wertigkeit beschreibt, wie viele Protonen abgegeben werden können. So ist Salzsäure eine einwertige Säure; sie besitzt ein Proton, welches abgegeben werden kann. Schwefelsäure hingegen besitzt zwei Protonen, es handelt sich demnach um eine zweiwertige Säure.

Wichtig ist jedoch, dass Säuren nicht einfach so ihre Protonen abgeben. Es muss immer eine Base anwesend sein, die diese Protonen aufnehmen kann. Genauso gilt dies umgekehrt für Basen.

Ein Beispiel für eine Säure-Base-Reaktion ist:

$$H_2SO_4 + H_2O \rightleftharpoons H_3O^+ + HSO_4^-$$

Bei dieser Reaktion gibt die Schwefelsäure ein Proton an das Wasser ab, das heißt, die Schwefelsäure fungiert als Säure, während das Wasser eine Base darstellt. Es ist nicht möglich, dass die Schwefelsäure das zweite Proton abgibt, da keine Base für die Aufnahme des Protons zur Verfügung steht. Auf der Seite der

Produkte liegen $H_3O^+$-Ionen (Hydronium-Ion), sowie das $HSO_4^-$ Ion vor. Im Fall der Hydronium-Ionen spricht man nach Definition von BRØNSTEDT von einer Säure, beim Hydrogensulfat-Ion von einer Base. Man betrachtet also immer ein korrespondierendes Säure-Base-Paar. In diesem Fall sind die korrespondierenden Paare $H_2SO_4$ und $HSO_4^-$ sowie $H_2O$ und $H_3O^+$. Einige weitere Beispiele für Säure-Base-Paare sind in Tab. 3.1 dargestellt.

▶   Zu jeder existierenden Säure gibt es eine korrespondierende Base!

Ebenso existieren Moleküle, die sowohl als Säure als auch als Base reagieren können. Eines dieser Moleküle ist Wasser. Wie in der oben beschriebenen Reaktion kann Wasser ein Proton aufnehmen und somit als Base wirken. Es kann jedoch auch ein Proton abgeben und wirkt somit als Säure. Moleküle mit dieser Eigenschaft werden als Ampholyte bezeichnet. Weitere Beispiele sind Tab. 3.2 zu entnehmen.

**Autoprotolyse von Wasser**
Bei Wasser handelt es sich um einen schwachen amphoteren Elektrolyten, der dissoziiert:

$$H_2O \rightleftharpoons H^+ + OH^-$$

**Tab. 3.1**  Beispiele für Säure-Base-Paare

| Korrespondierende Säure | Korrespondierende Base |
|---|---|
| HCl | $Cl^-$ |
| $H_2SO_4$ | $HSO_4^-$ |
| $H_3PO_4$ | $H_2PO_4^-$ |
| $HNO_3$ | $NO_3^-$ |
| $CH_3COOH$ | $CH_3COO^-$ |
| $NH_4^+$ | $NH_3$ |

**Tab. 3.2**  Beispiele für verschiedene Ampholyte

| Säure | Ampholyt | Base |
|---|---|---|
| $H_3O^+$ | $H_2O$ | $OH^-$ |
| $H_2SO_4$ | $HSO_4$ | $SO_4^{2-}$ |
| $H_3PO_4$ | $H_2PO_4^-$ | $HPO_4^{2-}$ |
| $H_2PO_4^-$ | $HPO_4^{2-}$ | $PO_4^{3-}$ |

Da $H^+$-Ionen sehr klein sind, ihre Ladung aber im Verhältnis dazu sehr groß, können diese Ionen nicht einzeln existieren und liegen daher solvatisiert als $H_3O^+$-Ionen oder mit x weiteren $H_2O$ solvatisierten Ionen vor. Die Dissoziation von Wasser wird daher eigentlich mehr als Autoprotolyse, also als Reaktion von Wasser mit sich selbst, formuliert:

$$H_2O + H_2O \rightleftharpoons H_3O^+ + OH^-$$

Für diese Reaktion kann jetzt das MWG formuliert werden:

$$K = \frac{c\left(H_3O^+\right) \cdot c\left(OH^-\right)}{c^2(H_2O)}$$

Die Konzentration des undissoziierten Wassers $c(H_2O)$ kann als nahezu konstant angesehen werden, da die Dissoziation sehr gering ist. Damit kann diese Konzentration mit der Ausgangskonzentration $c_A(H_2O) = 55{,}4 \text{ mol} * L^{-1}$ (bei Normaltemperatur 20 °C) gleich gesetzt werden.

---

**Fragen**

Wie kommt der Zahlenwert für die Ausgangskonzentration $c_A(H_2O)$ zustande? Eine kleine Hilfestellung: 1 L Wasser wiegt bei 20 °C 998,203 g

$$n = \frac{m}{M} \qquad c = \frac{n}{V}$$

Daraus ergibt sich mit diesem Wert und K als Protolysekonstante des Wassers mit $K_{(293\ K)} = 3{,}26 * 10^{-18}$

$$K \cdot c^2(H_2O) = c\left(H_3O^+\right) \cdot c\left(OH^-\right) = 3{,}26 \cdot 10^{-18} \cdot 55{,}4^2 \text{ mol}^2 \text{ L}^{-2}$$

$$= 1 \cdot 10^{-14} \text{ mol}^2 \text{ L}^{-2} = K_W$$

Die daraus resultierende Konstante $K_W$ heißt Ionenprodukt des Wassers. Diese Konstante ist temperaturabhängig und kann durch Ersetzen der Konzentrationen durch die entsprechenden Aktivitäten[1] berechnet werden.

---

[1] In einer realen Lösung können stärkere Wechselwirkungen zwischen den einzelnen Ionen bestehen als unter idealen Bedingungen. Daher können geringere Konzentrationen vorgetäuscht werden. Die beobachtete Konzentration wird hier als Aktivität bezeichnet, mit der Beziehung $a = f_a * c$ (a = Aktivität; $f_a$ = Aktivitätskoeffizient; c = Konzentration).

Der Wert für $K_w$ entspricht der mathematischen Form von $a \cdot 10^{-b}$. Wird davon der negative dekadische Logarithmus gebildet, erhält man:

$$-\log a \cdot 10^{-b} = b - \log a$$

Der negative dekadische Logarithmus der Wasserstoffionenkonzentration $c(H_3O^+)$ wurde nach dem Lateinischen *potentia hydrogenii* mit dem Symbol pH bezeichnet und der dazugehörige Zahlenwert als pH-Wert definiert.

$$pH = -\log c(H_3O^+)$$

Der pH-Wert definiert die Azidität einer verdünnten wässrigen Lösung. Analog gilt für die Basizität:

$$pOH = -\log c(OH^-)$$

Für eine neutrale Lösung, wie Wasser gilt also:

$$c(H_3O^+) = \sqrt{1 \cdot 10^{-14} mol^2 L^{-2}} = 10^{-7} mol \cdot L^{-1}$$

$$pH = -\log 10^{-7} = 7$$

Damit ergibt sich, dass eine saure Lösung bei pH < 7 und eine basische Lösung bei pH > 7 vorliegt. Erklären kann man sich dies damit, dass bei einer sauren Lösung die $H_3O^+$-Konzentration erhöht ist und bei einer basischen Lösung eine erhöhte $OH^-$-Konzentration. Wendet man dann die oben gezeigten Formeln an, so ergeben sich die entsprechenden pH-Werte kleiner (saure Lösung) oder größer (basische Lösung) als 7 (Tab. 3.3).

Die beschriebenen Gleichungen sind jedoch nur für starke Säuren und Basen gültig. Wird der pH-Wert für schwache Säuren oder Basen gesucht, so werden die Formeln etwas komplizierter. Schaut man sich beispielsweise die Reaktion einer schwachen Säure mit Wasser an, so stellt sich ein Gleichgewicht in der Reaktion ein, es sind also alle beteiligten Teilchen in der Reaktionslösung messbar.

Es kann also das Massenwirkungsgesetz angewendet werden, dabei ist c die Konzentration, $A^-$ wird als allgemeine Base und HA als Säure betrachtet:

$$K_S = \frac{c(H_3O^+) \cdot c(A^-)}{c(HA)}$$

Bei der Gleichgewichtsreaktion einer schwachen Säure mit Wasser werden genauso viele $H_3O^+$-Ionen wie $A^-$-Ionen gebildet, das heißt, $c(H_3O^+) = c(A^-)$. Durch Umstellen der Gleichung erhält man den Wert für $c(H_3O^+)$. Nun ist nur

**Tab. 3.3** pH-Werte wichtiger Säuren und Basen

| Säure/Base | pH-Wert |
| --- | --- |
| Schwefelsäure | 1,9 |
| Salzsäure | 2,0 |
| Salpetersäure | 2,0 |
| Flusssäure | 2,7 |
| Ameisensäure | 2,9 |
| Essigsäure | 3,4 |
| Zitronensäure | 3,9 |
| Ammoniumhydroxid ($NH_3$(aq)) | 10,6 |
| Natronlauge | 12 |
| Kalilauge | 12 |

Angaben für Lösungen mit c = 10 mM

noch eine Überlegung zu machen und zwar betrachten wir die Anfangskonzentration der Säure $c_0$. Die Konzentration der Säure, die in dem Augenblick des Gleichgewichts betrachtet wird, ist damit $c_0$(Säure)-x, wenn x die gebildeten $H_3O^+$-Ionen sind. Im Gegensatz zu $c_0$ ist x sehr gering, was zu dem Schätzwert führt, dass $c_{0(Säure)} \approx c(HA)$. Oben wurde der pH-Wert als negativer dekadischer Logarithmus der $c(H_3O^+)$ Ionen definiert. Wird das nun auf die Gleichung angewendet und die entsprechenden Schätzungen eingesetzt, ergibt sich für schwache Säuren ein pH-Wert von:

$$pH = pK_S - \frac{1}{2} \cdot \lg c_0(S\ddot{a}ure)$$

Die identische Betrachtung kann für schwache Basen getroffen werden.

---

**Fragen**

Wie ist der entsprechende Rechenweg für den pOH-Wert einer schwachen Base?

Für schwache Basen ergibt sich daher

$$pOH = pK_B - \frac{1}{2} \cdot \lg c_0(Base)$$

und damit ein pH-Wert von

$$pH = 14 - pOH = 7 + \frac{1}{2}(pK_S + \lg c_0(Base))$$

## 3.1.2　Titrationen

In der Praxis wird diese ganze Theorie bei den Titrationen angewendet. Titrationen im Allgemeinen können einem dabei helfen, die Substanzmenge in Lösung zu bestimmen, sie sind also für die quantitative Analyse von sehr großer Bedeutung. Abb. 3.1 zeigt einen typischen Aufbau einer Titration.

Stellt man sich eine starke Säure vor, in die man nun langsam eine starke Base gibt, so wird die Lösung mit der Zeit neutralisiert. Irgendwann liegt dann eine stark basische Lösung vor, da keine Säure-Moleküle mehr vorhanden sind, die die Base abfangen. Diesen Sachverhalt kann man in einem Diagramm leichter erkennen.

In den vorliegenden Kurven in Abb. 3.2 gibt es einen wichtigen Punkt zu erwähnen, und zwar den Äquivalenzpunkt. Der Äquivalenzpunkt beschreibt denjenigen Punkt, an dem die Menge des gesuchten Stoffes zu der Menge des titrierenden Stoffs äquivalent, also gleich ist. Es ist also der Umkehrpunkt in der „S-Kurve". Im Beispiel der blauen Kurve, also einer starken Säure mit einer starken Lauge, fallen Äquivalenzpunkt und Neutralpunkt (pH $= 7$) genau zusammen.

**Abb. 3.1**　Aufbau einer
Titration

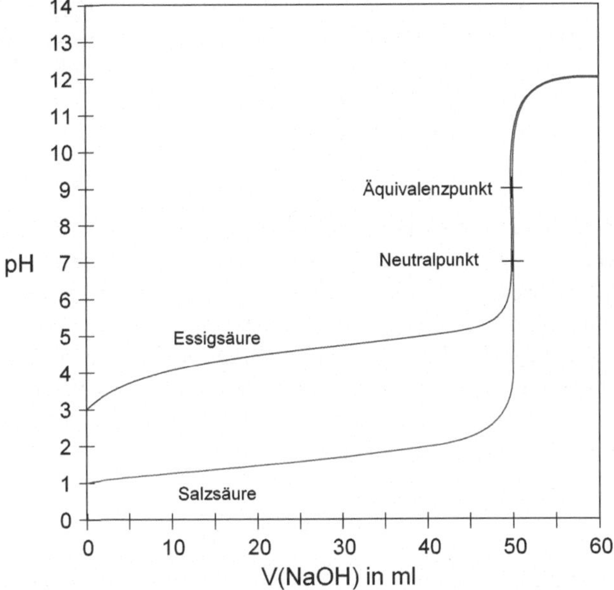


**Abb. 3.2** Titrationskurven von starker (schwarz) und schwacher (rot) Säure mit starker Base

**Labor-Tipps**

Die gezeigte Titrationskurve ist von Studenten selbst titriert worden! Dabei wurden je 0,1 N Lösungen der Säure und Base verwendet. Bei Titrationen ist besonders genau auf den Farbumschlag zu achten, damit genaue Werte bestimmt werden können. Aufgepasst! Einige Indikatoren ändern nach ein paar Minuten Ruhe wieder ihre Farbe.

Bei der gerade betrachteten Titration handelt es sich um den einfachsten Fall. Man kann es aber auch komplizierter machen, indem man beispielsweise eine schwache, statt einer starken Säure verwendet und schon ändert sich alles (Abb. 3.2, rote Kurve).

**Fragen**

Was ist der Unterschied zwischen der Titration einer starken Säure mit einer starken Base und einer schwachen Säure mit einer starken Base?

Betrachtet man diesen Fall, fällt bei der Titration folgendes auf: Bevor der Sprung in den basischen Bereich kommt, flacht die Kurve etwas ab, man erhält quasi ein Plateau. Der Wendepunkt von diesem Plateaubereich ist der $pK_s$-Wert und der ganze Bereich nennt sich Pufferbereich. Um das nun genauer zu verstehen, wenden wir uns erst einmal den Puffern zu.

**Puffer**

Was sind Puffer und was macht einen Puffer aus? Das sind die Fragen, die sich einem dabei stellen. Dabei betrachtet man wieder den Verlauf der Reaktion in der vorliegenden wässrigen Lösung. Nimmt man an, man hätte ein Becherglas mit einer schwachen Säure, beispielsweise Essigsäure, so liegt ein pH-Wert von 4,76 vor. Titriert man nun die Lösung einer starken Base hinzu, ändert sich durch die Protonenübertragung der pH-Wert und beeinflusst somit auch die Konzentration des Systems. Dieser Zusammenhang wird in der Puffergleichung, der HENDERSON-HASSELBALCH-Gleichung widergespiegelt.

$$pH = pKs + log\frac{c\left(A^-\right)}{c(HA)}$$

Betrachtet man die allgemeine Reaktionsgleichung des Systems und wendet darauf das Massenwirkungsgesetz an, so ergibt sich folgende Gleichung:

$$Ks = \frac{c\left(H_3O^+\right) \cdot c\left(A^-\right)}{c(HA) \cdot c(H_2O)}$$

Die Konzentration der $H_2O$-Teilchen ist, wie immer, nahezu konstant und kann daher ignoriert werden. Löst man die Gleichung nun nach der Konzentration der $H_3O^+$-Ionen auf und bildet anschließend den dekadischen Logarithmus, so erhält man daraus die Puffergleichung.

Man kann also mit dieser Gleichung die Konzentrationsverhältnisse der Säuren und ihrer korrespondierenden Basen berechnen und als Pufferungskurven auftragen. Was hier auffällt ist, dass diese Pufferungskurven genau dem Plateau entsprechen, das man in der Titrationskurve der schwachen Säure mit der starken Base beobachtet. Was bedeutet dies nun?

In diesem Pufferbereich sind die Konzentrationen von Säure und korrespondierender Base nahezu identisch. Wird in diesem Bereich nun entweder Säure oder Base zugegeben, ändert sich der pH-Wert nur minimal, da die Säure oder Base immer abgefangen wird. Im Detail heißt das beispielsweise bei dem Acetatpuffer (Essigsäure/Acetat-Gemisch), dass bei Zugabe einer verdünnten starken Säure, das Acetation das Proton aufnimmt und so zu undissoziierter Essigsäure wird, der pH-Wert der Lösung bleibt somit konstant. Wird Umgekehrt eine verdünnte, starke Base zugegeben, so nimmt diese das Proton der Essigsäure auf. Da Essigsäure eine schwache und damit wenig protolysierte Säure ist, ändert sich auch hierbei kaum der pH-Wert.

Um die Fragen vom Anfang nun noch einmal deutlich zu beantworten:

▶ Ein Puffer ist ein Gemisch einer schwachen Brønsted-Säure (bzw. -Base) und ihrer korrespondierenden Base (bzw. Säure). Dieses Gemisch kann je nach gewählter Stärke der Säure bzw. Base in einem bestimmten pH-Bereich den Zusatz von Säure-bzw. Base puffern.

**Übrigens**

Puffersysteme sind auch in unserem Körper von sehr großer Bedeutung. So ist der Bikarbonatpuffer im Blut ein sehr wichtiges System.

Dieses Puffersystem besteht aus der Kohlensäure $H_2CO_3$ und dem Hydrogenkarbonat $HCO_3^-$ als korrespondierende Base. Eine Besonderheit an diesem Puffer ist der Zerfall der Kohlensäure in $CO_2$ und Wasser (ebenfalls eine Gleichgewichtsreaktion). Der Kohlenstoffdioxid-Gehalt muss daher bei der Berechnung der HENDERSON-HASSELBALCH-Gleichung mitberücksichtigt werden.

Ein weiterer wichtiger Puffer in unserem Blut ist der Phosphatpuffer, der aus einem primären und einem sekundären Phosphat besteht.

Nachdem der Pufferbereich nun geklärt ist, wird sich wieder den Titrationen zugewandt. Es ist schön und gut, dass man schwache Säuren, starke Säuren oder auch schwache Basen und starke Basen titrieren kann und eine Kurve aufzeichnet. Aber man muss diese Kurven ja auch irgendwie verfolgen können.

**Messungen des pH-Wertes**

Das einfachste Utensil, auf das jeder jetzt erst einmal kommt, ist das pH-Meter oder auch Potenziometer. Damit kann mithilfe einer Glaselektrode der pH-Wert verfolgt werden (Latscha und Klein 2007, S. 208 ff.).

**Potenziometrie**

Bei der Potenziometrie handelt es sich um ein chemisches Analyseverfahren. Man kann damit, wie bei einer normalen Titration, die Menge eines Stoffes bestimmen. Dabei macht man sich die Abhängigkeit der elektromotorischen

Kraft von der Konzentration zunutze. Mithilfe einer Elektrode, meistens einer Glaselektrode, kann das Potenzial der zu bestimmenden Lösung während der gesamten Titration gemessen werden. Am Umschlagspunkt ändern sich dann Konzentration und demnach auch Potenzial schlagartig. Man erhält mit den Messwerten schließlich eine normale Titrationskurve.

Ein Vorteil der Potenziometrie ist, dass kein Indikator verwendet werden muss und trotz allem, sehr genaue Titrationen vorgenommen werden können. Selbst bei stark verdünnten Lösungen erhält man gute Ergebnisse.

Was aber sehr viel interessanter und nützlicher ist, vor allem beim praktischen Arbeiten, sind Indikatoren.

Bei Farbindikatoren handelt es sich üblicherweise um einen Farbstoff, der durch Zugabe von Säure oder Base seine Molekülstruktur ändert und somit auch seine Farbeigenschaft. Es ist daher leicht zu erkennen, wenn ein saures Milieu in ein basisches umschlägt. Es kann also auch hier wieder ein vereinfachtes Gleichgewicht des Indikators aufgestellt werden. Tab. 3.4 gibt Beispiele für Indikatoren für den gesamten pH-Bereich an.

$$HInd + H_2O \rightleftharpoons H_3O^+ + Ind^-$$

▶ Bei der Zugabe von Säuren oder Basen wird meistens auch die Struktur des zugrunde liegenden Farbstoffes geändert (Abb. 3.3).

**Tab. 3.4** Beispiele für verschiedene Indikatoren im gesamten pH-Bereich

| Indikator | pH-Bereich | Farbumschlag (sauer-basisch) |
| --- | --- | --- |
| Thymolblau | 1,2–2,8 | Rot nach gelb |
| Methylorange | 3,0–4,4 | Rot nach orange |
| Methylrot | 4,4–6,2 | Rot nach gelb |
| Bromthymolblau | 6,2–7,6 | Gelb nach blau |
| Phenolphthalein | 8,0–10,0 | Rarblos nach pink |

**Abb. 3.3** Reaktion von Phenolphthalein mit Basen/Säuren

## 3.1.3 Säure-Base-Theorie nach Lewis

▶ **Säure-Base-Definition nach Lewis** Eine **Säure** ist ein Elektronenpaar-Akzeptor, sie nimmt Elektronen auf.

Eine **Base** ist ein Elektronenpaar-Donor, sie kann Elektronen abgeben.

Wie schon ganz am Anfang dieses Kapitels erwähnt, gibt es verschiedene Definitionen für Säuren und Basen. Eine Erweiterung der Definition von Brønsted ist dabei die von Lewis.

Diese Definition resultiert daher, dass es neben den Protonen-Donatoren und Protonen-Akzeptoren ebenfalls Substanzen mit sauren Eigenschaften gibt, die kein Proton aufweisen. Einige Beispiele für Säuren und Basen nach Lewis können der Tab. 3.5 entnommen werden.

Bei den Beispielen fällt auf, dass die Lewis-Basen oft auch Brønsted-Basen sind. Sie können also nach beiden Definitionen eingeordnet werden.

Wie genau man sich nun so eine Elektronenübertragung vorstellen kann, zeigt Abb. 3.4.

**Tab. 3.5** Beispiele für Lewis Säuren und Basen

| Lewis-Säure | Lewis-Base |
| --- | --- |
| $SO_3$ | $NH_3$ |
| $BF_3$ | $Cl^-$ |
| $AlCl_3$ | $CN^-$ |
| $B(OH)_3$ | $CO$ |
| $SnCl_4$ | $OH^-$ |

**Abb. 3.4**  Lewis Säure-Base-Prinzip

Das freie Elektronenpaar des Ammoniaks wird auf das elektronenarme Bor übertragen. Es entsteht somit eine Atombindung zwischen Lewis-Säure und Lewis-Base. Die Stärke der Säuren und Basen nach LEWIS hängen daher vom jeweiligen Reaktionspartner ab.

## HSAB -Konzept

H-S-A-B – „**h**ard and **s**oft **a**cids and **b**ases"

Dieses Konzept, welches von dem Chemiker R.G. PEARSON 1963 veröffentlicht wurde (Pearson 1963, S. 3533–3539), basiert auf dem Säure-Base-Prinzip von LEWIS. Man kann es als eine Art Erweiterung sehen. PEARSON unterscheidet dabei zwischen harten und weichen Säuren bzw. Basen. Diese sind über ihre Eigenschaften definiert. So stellt eine harte Base beispielsweise das Fluorion dar. Es besitzt eine hohe Ladungsdichte, hat daher einen kleinen Atomradius und kaum Polarisierbarkeit. Das Prinzip besagt nun, das harte Basen sich bevorzugt mit harten Säuren verbinden und umgekehrt – es entsteht dabei eine starke Bindung. Eher schwache Bindungen werden daher bei weichen Basen mit harten Säuren ausgebildet und umgekehrt (Tab. 3.6).

**Tab. 3.6**  Definition Hart und Weich

| Hart | Weich |
| --- | --- |
| Hohe Ladungsdichte | Niedrige Ladungsdichte |
| Kleiner Ionenradius | Großer Ionenradius |
| Geringe Polarisierbarkeit | Hohe Polarisierbarkeit |
| Basen: $ROH$, $ROR$, $RNH_2$, $RO^-$, $SO_4^{2-}$, $PO_4^{3-}$, $CO_3^{2-}$, $F^-$, $Cl^-$, $CH_3COO^-$ | Basen: $RSH$, $RSR$, $CN^-$, $R_3P$, $CO$, $C_6H_6$, $I^-$, $Br^-$, $R^-$, $SCN^-$ |
| Säuren: $H^+$, $Li^+$, $Na^+$, $K^+$, $Mg^{2+}$, $Ca^{2+}$, $Al^{3+}$, $Ga^{3+}$, $HX$, $Cr^{3+}$, $Fe^{3+}$, $Co^{3+}$, $BF_3$ | Säuren: $Cs^+$, $Cu^+$, $Ag^+$, $Au^+$, $Pd^{2+}$, $Pt^{2+}$, $I_2$, $Br_2$, $BH_3$, Metalle |

## 3.2 Fällungsreaktionen und Komplexbildungsreaktionen

### 3.2.1 Fällungsreaktionen

Fällungsreaktionen sind genau das, was der Name einem sagt. Bei diesen Reaktionen fällt etwas aus, es bildet sich ein Niederschlag. Genauer betrachtet heißt das, dass der ausgefallene Stoff das Löslichkeitsprodukt überschritten hat. Man muss sich also bei Fällungsreaktionen genauer mit dem Löslichkeitsprodukt beschäftigen. Als Beispielreaktion wird hierfür die Dissoziation von Silberchlorid in Lösung betrachtet.

$$AgCl \rightleftharpoons Ag^+ + Cl^-$$

Da es sich hier um ein schwer lösliches Salz handelt, liegt das vorhandene Gleichgewicht stark auf der linken Seite. Es stellt sich zunächst die Frage, was es denn überhaupt bedeutet, wenn ein Salz schwer löslich ist? Dabei liegt eine starke Ionenbindung vor und die Gitterenergie, welche für die Dissoziation der Ionen überwunden werden muss, ist hoch. Doch nicht nur allein durch die Aufbringung der Gitterenergie löst sich ein Salz sofort. Es muss außerdem solvatisiert werden. Das heißt, dass sich die Lösungsmittelmoleküle, in den meisten Fällen Wasser, um das Ion herum legen und so eine Hülle bilden. Die sogenannte Solvatationsenthalpie entspricht $\Delta H$ in der GIBBS-HELMHOLZ-Gleichung[2] und ist negativ. Sie hängt proportional von der Ionenladung der vorliegenden Ionen und damit umgekehrt proportional vom Ionenradius ab. Ist also wie im vorliegenden Fall die Solvatationsenthalpie (also die frei werdende Energie) geringer als die Gitterenergie (also die Energie, die gebraucht wird), so wird das Ionengitter nicht zerstört und es liegt ein schwer lösliches Salz vor. Warum es sich dann doch lösen kann? Neben der Enthalpie spielt natürlich auch die Entropie eine Rolle und diese wird größer, wenn die Ionen in Lösung sind, die Unordnung nimmt zu. Damit kann der Gesamtbetrag der Energie, also die freie Energie, gesenkt werden und das Salz löst sich doch. Zusätzlich kann man durch Änderung der Temperatur nachhelfen.

---

[2]Die Gibbs-Helmholz-Gleichung $\Delta G = \Delta H - T * \Delta S$ ist bei der Betrachtung chemischer Gleichgewichte essentiell. Dadurch wird ein Vergleich zwischen der Enthalpie und der Entropie vereinfacht.

Aber zurück zum Silberchlorid. Es ist also ein schwer lösliches Salz und liegt in Lösung eher ungelöst vor. Stellt man nun trotz allem das MWG auf, so erhält man:

$$K = \frac{c\left(Ag^+\right) \cdot c\left(Cl^-\right)}{c(AgCl)}$$

Dabei ist die Konzentration des Silberchlorids in gesättigter Lösung konstant. Das kommt daher, dass ein dynamisches Gleichgewicht zwischen dem gelösten und gefällten Silberchlorid vorliegt. Angenommen es sei zu wenig Silberchlorid in Lösung, so würde sich ein Teil des ausgefallenen Salzes wieder lösen und die Konzentration bleibt somit gleich. Daher kann genau diese Konzentration in die Gleichgewichtskonstante K mit einbezogen werden. Man erhält also eine neue Konstante $L_p$.

$$L_p(AgCl) = c\left(Ag^+\right) \cdot c\left(Cl^-\right)$$

Diese Konstante wird als Löslichkeitsprodukt von Silberchlorid bezeichnet. Sie ist temperaturabhängig.

Allgemein beschrieben wird das Löslichkeitsprodukt durch:

$$L_p(A_mB_n) = c^m\left(A^+\right) \cdot c^n\left(B^-\right)$$

Diese Eigenschaft von schwer löslichen Salzen macht man sich in der quantitativen Analyse zunutze, aber auch in der Synthesechemie kommt die Fällungsreaktion oft zum Einsatz.

**Gravimetrie mit anorganischen Fällungsreagenzien**
Unter der Gravimetrie versteht man die analytisch eingesetzte Fällung einer Substanz zur quantitativen Analyse. Das klingt jetzt komplizierter als es ist. Schaut man sich ein Beispiel an, wird alles viel klarer.

**Bestimmung von Chloridionen mit Silbernitrat**

Das zu bestimmende Ion in Lösung ist das Chloridion. Davon ist eine unbekannte Menge in Lösung. Gibt man nun eine Lösung an Silbernitrat hinzu, so fällt das schwer lösliche Silberchlorid aus.

$$Ag^+NO_3^- + Cl^- \rightleftharpoons AgCl{\downarrow} + NO_3^-$$

Nun muss man nur noch so viel Silbernitrat zufügen, bis kein neuer Niederschlag mehr auftritt. Man kann das Silberchlorid filtrieren, trocknen und anschließend wiegen und schließlich auf die Menge an Chlorid-Ionen zurück rechnen.

Was bei diesen Reaktionen stört, sind andere Metalle, die mit dem Chloridion eine Bindung eingehen können, oder Licht, was die Reduktion des Silberkations zu elementarem Silber bewirkt.

## 3.2.2  Komplexbildungsreaktionen

Voraussetzung für dieses kleine Unterkapitel ist die Vertrautheit mit Komplexen. Hier wird nur ganz kurz darauf eingegangen was Komplexe sind, alles Weitere könnt ihr euch in der weiterführenden Literatur anschauen. Also, ein Komplex besteht aus einem Metallzentrum und sogenannten Liganden. Diese Liganden können entweder anorganischer oder organischer Natur sein. Die Liganden lagern sich in bestimmten Mustern räumlich um das Zentralatom herum an. Bei Komplexbildungsreaktionen liegt wieder, wie bei allen vorangegangenen Reaktionen, ein chemisches Gleichgewicht zwischen dem Komplex und den freien Teilchen vor. Man kann also auch für diese Reaktionen die Gleichgewichtskonstante aufstellen, die hier jedoch Komplexbildungskonstante oder Stabilitätskonstante genannt wird. Ist der Wert für die Konstante hoch, so heißt das, dass der gebildete Komplex stabiler ist als die freien Teilchen.

Eine Komplexbildungsreaktion kann allerdings genauso eine Ligandenaustauschreaktion beschreiben. Es wird dabei, wie der Name schon verrät, der vorhandene Ligand durch einen neuen ausgetauscht. Hier wird der stabilere Komplex bevorzugt.

Komplexe können nun aber auf verschiedene Weise stabil sein (es muss ja kompliziert bleiben). So kann eine kinetische oder eine thermodynamische Stabilität vorliegen.

Ist ein Komplex kinetisch stabil, so tauscht er nur sehr langsam oder überhaupt nicht seine Liganden aus. Man kann dies an der Geschwindigkeitskonstante für die Einstellung des Gleichgewichts erkennen. Die Stabilitätskonstante hingegen gibt Information über die thermodynamische Stabilität der Komplexe. Sie ist proportional zur freien Enthalpie der Reaktion.

**Gravimetrie mit organischen Fällungsreagenzien**
Jetzt kommt eigentlich das Interessante an der ganzen Sache der Komplexbildungsreaktionen – und zwar werden wieder schwer lösliche Komplexe betrachtet. Durch Komplexbildungsreaktionen kann man nämlich wiederum Fällungsreaktionen herbeiführen, die zur quantitativen Analyse herangezogen werden.

**Abb. 3.5** Reaktion zu Nickel-DAD

---

**Nickel-DAD**

Eines der bekanntesten Beispiele für eine Komplexbildungsreaktion, die in der quantitativen Analyse Einsatz findet, ist die Reaktion von Nickelionen mit Diacetyldioxim (Abb. 3.5).

Liegt dabei eine unbekannte Konzentration der Nickel-Ionen in Lösung vor, so kann wie zuvor mit dem Silbernitrat, hier mit Diacetyldioxim, das Nickel gefällt werden. Es entsteht ein schwer löslicher, stark farbiger, roter Komplex.

Die Fällungsreaktion findet entweder in basischem oder in saurem Milieu statt und ist relativ spezifisch für das Nickelion. Durch diese Methode kann es von verschiedenen Ionen, unter anderem $Fe^{3+}$ und $Zn^{2+}$, abgetrennt werden.

---

Natürlich gibt es neben dem Diacetyldioxim noch andere Ligandensysteme, die einen schwer löslichen Komplex mit verschiedenen Ionen eingehen. Für das Verständnis ist es allerdings irrelevant, diese hier alle zu nennen. Man muss sich eher Gedanken darübermachen, wie stabil die einzelnen Komplexe sind und was diese Stabilität ausmacht. Näheres dazu wieder in der weiterführenden Literatur.

## 3.3 Redoxreaktionen und Elektrochemie

Im letzten Kapitel der Reaktionen in wässriger Lösung wird die allgemeine „Austauschreaktion" auf die Ebene der Elektronen gebracht. Dazu muss man sich zunächst ein paar Grundlagen anschauen.

So ist beispielsweise die Oxidationszahl eines der wichtigsten Hilfsmittel in der Redoxchemie. Sie hilft dabei, die Reaktionen besser zu verstehen und zu veranschaulichen.

### 3.3.1  Oxidationszahlen

▶ Die Oxidationszahl beschreibt die formale Ladung eines Atoms in einem Molekül. Sprich, welche Ladung das Atom hätte, wenn man es einzeln betrachtet.

Um die Oxidationszahlen zu bestimmen, gibt es einige Regeln. Die kann man sich merken oder auch nicht, aber einige davon sind sehr hilfreich und nützlich. Wichtig ist eigentlich nur wie man die Oxidationszahl bestimmt, die Nomenklatur und Schreibweise sollte man zwar auch beherrschen, für das Verständnis ist das aber erst einmal nebensächlich. Daher die wichtigsten Regeln:

1. Oxidationszahlen können positiv oder negativ sein und werden immer als römische Zahlen, entweder über das Atom oder in Klammern hinter das Atom geschrieben.
2. Die Oxidationszahl von Wasserstoff ist (fast) immer +I.
3. Die Oxidationszahl von Sauerstoff ist (fast) immer –II.
4. Ionen haben als Oxidationszahl die angegebene Ionenladung.
5. Die Summe der Oxidationszahlen entspricht der Ladung des Moleküls.
6. Liegt ein Atom im elementaren Zustand vor, z. B. Na, $I_2$, C, $O_2$, $H_2$ so hat es die Oxidationszahl 0.
7. Je nach Elektronegativität des Atoms in einem Molekül ist die Oxidationszahl positiv oder negativ (das Atom mit der größeren Elektronegativität hat auch eine negative Oxidationszahl). Beispielsweise ist Fluor immer negativ, da es das elektronegativste Element ist.
8. Liegt eine Bindung zwischen zwei identischen Atomen vor, so werden die Elektronen der Bindung geteilt.

**Oxidationszahlen einfacher Moleküle**

Die einfachsten und gängigsten Moleküle sind Fluorwasserstoff, Kohlenstoffdioxid, Wasser, Ammoniak, usw.

Davon bestimmen wir jetzt die Oxidationszahlen:

Im Fall von Fluorwasserstoff HF können die Regeln ohne weitere Probleme angewendet werden. So muss H (+I) und F (–I) gelten.

Schauen wir uns das Kohlenstoffdioxid Molekül an O = C = O. Laut den Regeln müssen die Sauerstoffatome eine Oxidationszahl von –II besitzen. Dementsprechend hat das Kohlenstoffatom, in dem Fall, +IV, um auf eine Gesamtladung von 0 zu kommen.

Im Fall vom Wassermolekül ist es genau identisch. Der Sauerstoff besitzt 6 Valenzelektronen und bekommt je ein Elektron vom Wasserstoff. Damit hat der Sauerstoff die Oxidationszahl −II und die beiden Wasserstoffatome von +I, was mit den oben genannten Regeln in Einklang ist.

Betrachten wir noch Ammoniak. Hier werden drei Elektronen von den Wasserstoffmolekülen dem Stickstoffatom zur Verfügung gestellt. Also hat der Stickstoff eine Oxidationszahl von −III und die Wasserstoffatome je von +I.

Leider gibt es zu jeder Regel auch Ausnahmen. Beispielsweise $H_2O_2$. Würden die üblichen Regeln zur Erstellung der Oxidationszahlen gelten, müsste das Wasserstoffperoxid zweifach negativ geladen sein. Das ist es aber nicht, demnach kann eine der Regeln 2 und 3 in diesem Fall nicht gelten. Und so ist es auch: $H_2O_2$ ist eine der Ausnahmen, in denen Sauerstoff die Oxidationszahl −I hat. Der Wasserstoff hat +I, somit ist das Wasserstoffperoxidmolekül neutral.

Eine weitere Ausnahme sind Metallhydride, beispielsweise LiH. In diesem Fall stellt das Wasserstoffatom die elektronegativere Spezies dar und besitzt die Oxidationszahl −I. Das Lithiumion hat in diesem Fall die Oxidationszahl +I. Es liegt also ein negativ geladenes Wasserstoffatom vor. Dieses wird allgemein als Hydrid bezeichnet.

Prinzipiell müssen immer nur die Regeln angewendet werden, damit die Oxidationszahlen gut bestimmt werden können. Jetzt wurden im Beispiel nur sehr einfache Moleküle betrachtet. Etwas schwieriger wird es dann bei Molekülen, die mehr als drei Atome haben.

## Oxidationszahlen komplizierterer Moleküle

Die Bestimmung der Oxidationszahlen wird schwerer, je größer das Molekül ist. Betrachten wir zum einen die Essigsäure und zum anderen das Tetrathionat in Abb. 3.6.

Das erste Beispiel ist die Essigsäure. Das entscheidende hier ist die unterschiedliche Oxidationszahl des Kohlenstoffs, die vielleicht nicht ganz intuitiv erscheint. Aber auf der anderen Seite ist es ein logisches Vorgehen, um zu



**Abb. 3.6** Oxidationszahlen am Beispiel Essigsäure und Tetrathionat

diesem Ergebnis zu kommen. Man wendet wie zuvor die Regeln für die Oxidationszahlen an und fängt bei den Wasserstoffatomen an. Dementsprechend, um eine totale Ladung von 0 zu erhalten, muss der Kohlenstoff, an dem drei Wasserstoffatome hängen, gleich $-III$ besitzen. Der zweite Kohlenstoff in der Essigsäure ist hingegen von Sauerstoffatomen umgeben. Beide Sauerstoffatome haben eine Oxidationszahl von $-II$, jedoch haben wir an einem Sauerstoff noch ein Wasserstoffatom mit $+I$ hängen. Damit ergibt sich:

$$\begin{array}{ll} \text{Sauerstoff}: & 2\,x -II -4 \\ \underline{\text{Wasserstoff} \quad 1x +I +1} \\ & \qquad -3 \end{array}$$

Um dies auszugleichen, benötigt der Kohlenstoff eine Oxidationszahl von $+III$. Was schließlich noch einmal gecheckt werden sollte, ist die Ladung des Moleküls und ob dies mit der formalen Ladung der Oxidationszahlen übereinstimmt – das tut es hier.

Das zweite Beispiel ist etwas komplizierter – man muss erst einmal wissen wie Tetrathionat überhaupt aussieht. Es handelt sich hier um ein zweifach negativ geladenes Ion der Summenformel $S_4O_6^{2-}$. Versucht man aus der Summenformel die Oxidationszahlen heraus zu lesen, so stößt man auf ein Problem. Sechs Sauerstoffatome mit der Oxidationszahl $-II$ ergibt $-12$, das Molekül hat eine Ladung von $-2$, dementsprechend muss eine formelle Ladung von $-10$ ausgeglichen werden. Es stehen aber 4 Schwefelatome zur Verfügung und jeder Schwefel müsste eine Oxidationszahl von $+2{,}5$ haben – es gibt aber keine halben Oxidationszahlen. Man muss sich also die Strukturformel des Moleküls genauer anschauen. Außerdem muss man sich noch einmal über den Schwefel klar werden. Er steht in der 6. Hauptgruppe, das heißt, ihm fehlen zwei Elektronen zur vollständigen Schale, also 8. Werden nun zwischen den 4 Schwefeln in der Bindung die Elektronen fair aufgeteilt, so haben die beiden Schwefelatome in der Mitte jeweils 8 Elektronen – sie sind glücklich und zufrieden. Die anderen beiden äußeren Schwefelatome hingegen haben noch Sauerstoff gebunden – unglücklich also. Wir betrachten daher zunächst die äußeren Schwefelatome. Da sie dasselbe Bindungsmuster aufweisen, muss nur eines von beiden betrachtet werden, das andere wird eine identische Oxidationszahl aufweisen. Also – fangen wir an.

$$\begin{array}{lll} \text{Sauerstoff} & 3\,x -II & -6 \\ \underline{\text{Ladung} \qquad\qquad -1 \qquad +1 \text{ (die Ladung muss ja übrig bleiben!)}} \\ & & -5 \end{array}$$

Der Schwefel muss also eine Oxidationszahl von +V aufweisen. Die beiden Schwefelatome in der Mitte des Moleküls haben demnach eine Oxidationszahl von 0 (sie sind ja schon glücklich).

Anhand von Beispielen wird das Prinzip der Oxidationszahlen immer deutlicher und mit etwas Übung wird das ein Klacks.

## 3.3.2 Redoxsysteme

Es ist einfach, Oxidationszahlen von verschiedenen Molekülen zu bestimmen, aber die eigentliche Anwendung findet man in Redoxsystemen. Es wird also eine Reaktion mit zwei Redoxpartnern betrachtet. Der eine wird reduziert, während der andere oxidiert wird – was heißt das nun genau?

▶ Die Reduktion ist die Elektronenaufnahme – die Oxidationszahl wird kleiner.
Die Oxidation ist die Elektronenabgabe – die Oxidationszahl wird größer.

Man kann sich das Ganze also wie eine Übergabe von beispielsweise einem Ball vorstellen. Ist der Ball das Elektron und man selbst besitzt es, kann man es jederzeit abgeben. Nun kommt jemand, der es gerne haben möchte und man übergibt den Ball – man selbst wurde oxidiert, während der Partner reduziert wurde.

▶ Nicht durcheinanderkommen! Der Partner, der reduziert wurde, ist ein Oxidationsmittel, derjenige der oxidiert wurde, ist ein Reduktionsmittel!

**Die Knallgasreaktion als Redoxreaktion**

Bei der legendären Knallgasreaktion liegt ebenfalls eine Redoxreaktion vor, auch wenn das Gleichgewicht der Reaktion hauptsächlich auf der rechten Seite liegt.

$$2\,H_2 + O_2 \rightleftharpoons H_2O$$

Bestimmt man zunächst die Oxidationszahlen aller Moleküle der Reaktion, so erfährt man, dass die elementar vorliegenden Moleküle $H_2$ und $O_2$ Oxidationszahlen von 0 haben, während das Wassermolekül beim Sauerstoff −II und beim Wasserstoff +I hat.

Redoxgleichungen können nun in die Gleichung der Oxidation und die der Reduktion aufgeteilt werden:

$$\text{Oxidation:} \quad H_2 \rightleftharpoons 2\,H^+(+I) + 2\,e^- \quad x\,2$$

$$\text{Reduktion:} \quad O_2 + 4e^- \rightleftharpoons 2\,O^{2-}(-II) \quad x\,1$$

Die Anzahl der Elektronen muss gleich sein, es funktioniert ja nicht, dass man jemandem mehr Tennisbälle gibt, als man überhaupt hat. Daher werden die Reaktionen ausgeglichen. In diesem Fall wird die Oxidation mal 2 genommen und die Reduktion bleibt wie sie ist. Damit haben wir 4 Elektronen vom Wasserstoff auf den Sauerstoff übertragen.

$$\text{Oxidation:} \quad 2\,H_2 \rightleftharpoons 4\,H^+(+I) + 4\,e^-$$

$$\text{Reduktion:} \quad O_2 + 4e^- \rightleftharpoons 2\,O^{2-}(-II)$$

$$\overline{\text{Redox:} \quad 2\,H_2 + O_2 \rightleftharpoons 4\,H^+ + 2\,O^{2-} \quad \left(\text{das entspricht } 2\,H_2O\right)}$$

Wichtig ist bei der „Einrichtung" der Gleichungen immer, dass die Ladungen und Atome immer identisch bleiben – auf beiden Seiten der Redoxgleichung. Manchmal ist das etwas schwieriger. In dem Fall kommt meist $H_3O^+$ und $H_2O$ zum Einsatz – diese Reaktionen sind ja doch meistens in wässriger Lösung.

### Anwendungsbeispiel Manganometrie

Bei der Manganometrie wird die Titration mithilfe des Oxidationsmittels Kaliumpermanganat durchgeführt. Die Reaktion ist dabei pH-abhängig, wird aber vorwiegend in saurem Milieu durchgeführt, da hier die Oxidationskraft am größten ist und der Umschlagspunkt deutlich zu erkennen ist.

Das stark violette $MnO_4^-$ wird während des Redoxvorgangs reduziert:

$$MnO_4^- + 5e^- + 8\,H_3O^+ \rightarrow Mn^{2+} + 12\,H_2O^-$$

Die Oxidationszahl des Mangans ändert sich also von $Mn(+VII)$ zu $Mn(+IV)$

Der Umschlagspunkt ist also dann zu erkennen, wenn das Reduktionsmittel komplett verbraucht ist und ein leichter Überschuss des stark violetten $MnO_4^-$ vorhanden ist.

Diese Methode kann beispielsweise zur Bestimmung von Oxalat benutzt werden. Dabei wird das Oxalat vom Kaliumpermanganat oxidiert:

$$C_2O_4^{2-} \rightarrow 2\,CO_2 + 2e^-$$

Als Gesamtgleichung erhält man also:

$$5\,C_2O_4^{2-} + 2\,MnO_4^- + 16\,H_3O^+ \rightleftharpoons 10\,CO_2 + 2\,Mn^{2+} + 24\,H_2O$$

**Potenziale**

Ein Elektronenaustausch zwischen Redoxpaaren kann ebenso stattfinden, wenn diese räumlich voneinander getrennt sind, beispielsweise durch eine Trennwand. Das Einzige, was natürlich erforderlich ist, dass die Möglichkeit des Stromflusses zwischen den Behältern besteht. Ein elektrischer und ein elektrolytischer Leiter müssen demnach die beiden miteinander verbinden. Als Elektrode kann dafür beispielsweise ein Platinblech dienen, was als elektrischer Leiter die Elektronen von der einen zur anderen Seite transportieren kann. An dieser Elektrode können sich dann an der Phasengrenzfläche Redox-Gleichgewichte einstellen. Dabei ist es möglich, dass sich die Elektrode an dem Redoxvorgang beteiligt, das heißt, durch Auflösung oder Abscheidung. Sie kann aber auch inert sein und sich nicht an der Zellreaktion beteiligen.

Den Aufbau dieser zwei voneinander getrennten, jedoch elektrisch und elektrolytisch miteinander verbundenen Redoxpaare bezeichnet man als Halbzelle. Werden zwei dieser Halbzellen, beispielsweise über ein Diaphragma, miteinander verbunden, so erhält man eine Galvanische Zelle, die unabhängig von äußerlichen Einwirkungen Strom erzeugen kann. Dies findet man beispielsweise in Batterien oder Akkus.

Die einfachste Halbzelle ist das DANIELL-Element. Hier sind die Redoxpartner über Elektroden miteinander verbunden und mittels eines Diaphragmas voneinander räumlich getrennt. Das Diaphragma ist eine semipermeable, also halbdurchlässige Wand, die eine Durchmischung der Lösungen verhindert aber eine elektrolytische Leitung zulässt. Statt eines Diaphragmas kann ebenso eine Salzbrücke verwendet werden. Als Kathode wird bei dem DANIELL-Element ein Kupferdraht verwendet, als Anode ein Stück Zinkblech.

▶ Anode: An der Anode kommen Elektronen aus der Elektrolytlösung hinein. Hier erfolgt die Oxidation.

Kathode: An der Kathode kommen die Elektronen raus und werden in die Elektrolytlösung eingespeist. Hier findet die Reduktion statt.

Der Ladungsausgleich, der immer gegeben sein muss, findet hier durch die Zugabe von Salzen statt, wobei diese über das Diaphragma ausgetauscht werden können. Die Ladung der Lösungen ist demnach neutral. Wie erhält man also Strom?

Es ist nicht Strom, der hier fließt, sondern Elektronen, das heißt, man erhält ein unterschiedliches Potenzial, was man mit einem Voltameter messen kann. Die stromlose Potenzialdifferenz in einer galvanischen Zelle wird als elektromotorische Kraft (E) bezeichnet. Alle Redoxpaare können so über ihr Redoxpotenzial definiert werden. Dies kann aber nur mithilfe einer Standardhalbzelle bestimmt werden, da ausschließlich Differenzen gemessen werden können und keine absoluten Werte. Man benötigt daher eine Bezugs-Halbzelle. Als definierter Standard wird daher die Normalwasserstoffelektrode verwendet, deren Wert auf 0 festgelegt wurde. Diese Halbzelle besteht aus einer Platinelektrode, die bei 25 °C mit 1 bar Wasserstoffgas umspült wird. Die Elektrode wird dann in eine 1 M Säurelösung eingetaucht.

**Fragen**

Welche Elektrodenvorgänge können bei der Normalwasserstoffelektrode beschrieben werden?

Im Fall der Normalwasserstoffelektrode werden die $H_2$-Moleküle oxidiert. Die erhaltenen $H^+$-Teilchen sind so reaktiv, dass sie anschließend sofort mit dem vorhandenen Wasser zu $H_3O^+$-Ionen weiter reagieren. Wird die Potenzialdifferenz einer Halbzelle gegen die Normalwasserstoffelektrode gemessen, so erhält man das Normalpotenzial des Redoxpaares. Diese Werte wurden schon für jede Menge Redoxpaare bestimmt und tabellarisch zusammengefasst (Tab. 3.7). Dieses findet man schließlich in jedem Lehrbuch als die Spannungsreihe oder Redoxreihe.

Die oxidierende Wirkung nimmt in Tab. 3.7 nach unten hin zu, sowie die reduzierende Wirkung dementsprechend abnimmt. Zur Ermittlung des Normalpotenzials wird die Halbzelle mit der Normalwasserstoffzelle verbunden und die Potenzialdifferenz gemessen. Das Zellpotenzial setzt sich demnach aus den Einzelpotenzialen der Halbzellen zusammen, indem das Normalpotenzial des schwächeren Oxidationsmittels vom stärkeren abgezogen wird.

Was bringen nun die ganzen Zahlen und Werte, warum werden diese angegeben? Ganz einfach, je negativer das Potenzial eines Redoxpaares ist, desto reduzierender wirkt das dazugehörige Reduktionsmittel und umgekehrt. Je positiver, desto oxidierender wirkt das Oxidationsmittel. Außerdem kann man mit dem Wissen vorhersagen, ob ein theoretischer Redoxvorgang möglich ist oder nicht.

▶ Ein Reduktionsmittel kann in einem Redoxsystem von dem Oxidationsmittel nur oxidiert werden, wenn das Potenzial des entsprechenden Redoxpaares positiver ist als das des zu oxidierenden Systems. Analog gilt dies für die Reduktion.

**Tab. 3.7**  Elektrochemische Spannungsreihe (T = 25 °C; c = 1 M)

| Reduzierte Form | Oxidierte Form | Übertragene Elektronen | Normalpotenzial $E^0$ |
|---|---|---|---|
| Li | $Li^+$ | $+ e^-$ | $-3,03$ |
| K | $K^+$ | $+ e^-$ | $-2,92$ |
| Ca | $Ca^{2+}$ | $+ 2 e^-$ | $-2,74$ |
| Na | $Na^+$ | $+ e^-$ | $-2,71$ |
| Mg | $Mg^{2+}$ | $+ 2 e^-$ | $-2,40$ |
| Zn | $Zn^{2+}$ | $+ 2 e^-$ | $-0,76$ |
| $S^{2-}$ | S | $+ 2 e^-$ | $-0,51$ |
| Fe | $Fe^{2+}$ | $+ 2 e^-$ | $-0,44$ |
| $2 H_2O + H_2$ | $2 H_3O^+$ | $+ 2 e^-$ | $0,00$ |
| $Cu^+$ | $Cu^{2+}$ | $+ e^-$ | $0,17$ |
| Cu | $Cu^{2+}$ | $+ 2 e^-$ | $0,35$ |
| $4 OH^-$ | $O_2$ | $+ 2 H_2O + 4 e^-$ | $0,40$[a] |
| $2 I^-$ | $I_2$ | $+ 2 e^-$ | $0,58$ |
| $Fe^{2+}$ | $Fe^{3+}$ | $+ e^-$ | $0,75$ |
| $12 H_2O + Cr^{3+}$ | $CrO_4^{2-}$ | $+ 8 H_3O^+ + 3 e^-$ | $1,30$ |
| $2 Cl^-$ | $Cl_2$ | $+ 2 e^-$ | $1,36$ |
| $12 H_2O + Mn^{2+}$ | $MnO_4^-$ | $+ 8 H_3O^+ + 5 e^-$ | $1,50$ |
| $3 H_2O + O_2$ | $O_3$ | $+ 2 H_3O^+ + 2 e^-$ | $2,07$ |
| $2 F^-$ | $F_2$ | $+ 2 e^-$ | $3,06$[b] |

[a]bezieht sich auf pH = 14; bei pH = 7 ist das Potenzial 0,82 V
[b]in saurer Lösung

**Nernst'sche Gleichung**

Sind in einem Redoxsystem keine Normalbedingungen gegeben, also keine 0 °C und 1 atm, so kann man trotz allem die elektromotorische Kraft E einer Halbzelle oder Zelle bestimmen. Dazu hat W. NERNST 1889 eine Gleichung entwickelt, die auf verschiedenen Konstanten beruht:

$$E = E^0 + \frac{R \cdot T \cdot 2,303}{n \cdot F} \cdot \log \frac{c(Ox)}{c(Red)}$$

Hierbei ist:

$E^0$ das Normalpotential des Redoxpaares (Tab. 3.7), R ist die allgemeine Gaskonstante (8,316 J K$^{-1}$ mol$^{-1}$), T ist wie immer die Temperatur (aber aufgepasst in Kelvin!), F ist die Faraday-Konstante und n die Anzahl der übertragenen Elektronen. Das Produkt aller Konzentrationen der Oxidationsmittel wird mit c(Ox) beschrieben und das der Reduktionsmittel mit c(Red). Die stöchiometrischen Koeffizienten treten dabei als Exponenten der Konzentrationen auf!

**Redoxpaar $Cr^{3+}/CrO_4^{2-}$**

Wie bestimmt man nun die elektromotorische Kraft mit der Nernst'schen Gleichung? Wir betrachten das einmal an dem Beispiel von $Cr^{3+}/CrO_4{}^{2-}$. Die Teilreaktion des betrachteten Redoxvorgangs lautet also:

$$CrO_4^{2-} + 8\,H_3O^+ + 3e^- \rightleftharpoons Cr^{3+} + 12\,H_2O$$

Schaut man in der Tab. 3.7 nach, so kann man hier ein $E^0$ von 1,3 V ablesen. Die Nernst-Gleichung lautet also für T = 25 °C:

$$E = 1{,}3 + \frac{0{,}059}{3} \cdot \log\frac{c\left(CrO_4^{2-}\right) \cdot c^8\left(H_3O^+\right)}{c\left(Cr^{3+}\right) \cdot c^{12}\left(H_2O\right)}$$

Da in einer verdünnten Lösung die Aktivität in einem Lösungsmittel annährend 1 ist, kann man davon ausgehen, dass $c^{12}(H_2O) \approx 1$ ist und die Gleichung lässt sich vereinfachen.

**Praktische Anwendung: Elektrogravimetrie**

Bei der Elektrogravimetrie werden durch Redoxvorgänge die Mengen der Substanzen bestimmt. In diesem Beispiel werden die Redoxpaare Kupfer und Blei betrachtet.

Man benötigt dafür ein Potenziostat, der die Spannung während des Prozesses konstant hält. Dabei sinkt die Stromstärke während des gesamten Vorgangs langsam auf null.

Die Lösung, in der beide Metallsalze vorhanden sind, wird dabei in eine leitende Schale gegeben und ein Netzgitter hineingehängt. Diese beiden Elemente des Aufbaus stellen die Elektroden dar. Das Gitter wird an den positiven Pol angeschlossen und ist somit die Kathode, die Schale demnach der negative Pol und damit die Anode.

$$\text{Anodenvorgang:} \quad Pb^{2+} + 6\,H_2O \rightarrow PbO_2 + 4\,H_3O^+ + 2e^-$$

$$\text{Kathodenvorgang:} \quad Cu^{2+} + 2e^- \rightarrow Cu$$

Das Kupfer kann nach einem Trockenvorgang direkt gewogen werden, natürlich muss man vorher das Gitter ohne Kupfer gewogen haben.

Die Menge an Blei kann mit einem Umrechnungsfaktor von 0,8662 bestimmt werden, solange die $PbO_2$-Menge unterhalb von 100 mg liegt. Darüber wird eine Bestimmung schwierig.

## Batterien und Akkumulatoren

Das spannende an solchen Redoxsystemen ist natürlich nun, wie man sich das zunutze machen kann. Im Alltag findet man das vor allem in Batterien oder Akkumulatoren.

### Nickel-Cadmium Batterie

In einer Batterie können beispielsweise Nickel und Cadmium zu einer Zelle zusammengeschlossen werden. Dabei ist auf der einen Seite der negative Pol, also die Anode. Hier wird das Cadmium oxidiert. Am positiven Pol, der Kathode, wird das Nickel reduziert. Das Cadmium gibt also Elektronen ab, die das Nickel wiederum aufnehmen kann. Cadmium fungiert also als Reduktionsmittel.

Schauen wir uns die Teilgleichungen an:

$$\text{Anodenvorgang:} \quad Cd + 2\,OH^- \rightarrow Cd(OH)_2 + 2e^-$$

$$\text{Kathodenvorgang:} \quad NiO(OH) + 2e^- + 2\,H_2O \rightarrow Ni(OH)_2 + 2OH^-$$

Das Potenzial der Zelle kann nun berechnet werden mit $E^0\,(Cd/Cd^{2+}) = -0{,}81\,V$ und $E^0\,(NiO(OH)/Ni(OH)_2) = 0{,}49\,V$. Achtung! Die Normalpotenziale sind hier in einem basischen Milieu und daher anders als in der Tab. 3.7 angegeben.

$$\Delta E = E^0(NiO(OH)/Ni(OH)_2) - E^0\left(Cd/Cd^{2+}\right) = 0{,}49\,V - (-0{,}81\,V)$$

$$= 1{,}3\,V$$

Das Potenzial in einer Nickel-Cadmium-Batterie beträgt also ungefähr 1,3 V.

## Lithium-Ionenakku

Der Lithium-Ionenakku, der beispielsweise in Handyakkus verbaut ist, funktioniert etwas komplizierter als die Nickel-Cadmium-Batterie.

Das Grundprinzip ist hier wie folgt:

$$LiMO_x + C_n \rightleftharpoons Li_{1-y}MO_x + Li_yC_n$$

Dabei ist M ein Metall, z. B. Co, Mn, Ni. C steht für Kohlenstoff und besteht hier aus Grafit oder Koks. Das Lithium liegt als $Li^+$ vor und ist mit den Oxiden oder dem Kohlenstoff in einer Schichtstruktur aufgebaut. Diese Schichtstruktur kann auch als Interkalationsverbindung bezeichnet werden, da die Lithiumionen in die Schicht interkalieren, sich also einlagern. Bei dem Vorgang der Einlagerung in die verschiedenen Schichten werden die Elektronen übertragen. Es entsteht hier also keine definitive chemische Bindung.

$$\text{Anodenvorgang:} \quad x\,Li^+ + x\,e^- + C_6 \rightleftharpoons Li_xC_6$$

$$\text{Kathodenvorgang:} \quad LiMn_2O_4 \rightleftharpoons Li_{1-x}Mn_2O_4 + x\,e^- + x\,Li^+$$

Dabei ist die Hinreaktion der Ladevorgang, während die Rückreaktion der Entladevorgang ist. In der Zelle werden dabei nur $Li^+$-Ionen aufgenommen und freigesetzt, die zwischen den Elektroden hin und her pendeln.

Die Zellspannung liegt hier bei etwa 3,6 V.

# Was sie aus diesem *essential* mitnehmen können

- Es gibt viele Reaktionen die in wässriger Lösung stattfinden. Die wichtigsten sind Säure-Base-Reaktionen und Redoxreaktionen. Aber auch die anderen sollte man immer parat haben und auch darauf achten, dass die einzelnen Kategorien sich nicht gegenseitig ausschließen. Eine Redoxreaktion kann zum Beispiel ebenfalls eine Fällungsreaktion oder Komplexbildungsreaktion sein.
- Das Prinzip von LE CHÂTELIER beruht auf Temperatur, Druck und Konzentration, demnach auf Einflüssen, die von außen steuerbar sind. Ein bekanntes Beispiel war hier das Haber-Bosch-Verfahren zur Ammoniaksynthese.
- Es gibt zwei gängige Säure-Base-Konzepte, das von BRØNSTEDT und das von LEWIS. BRØNSTEDT betrachtet Säuren als Protonendonor, während LEWIS sie als Elektronenpaar-Akzeptor sieht. Beide Konzepte werden bis heute angewendet.
- Redoxreaktionen basieren auf der Übertragung von Elektronen und damit auf der Bestimmung von Oxidationszahlen und der Definition von Oxidation (Elektronenabgabe) und Reduktion (Elektronenaufnahme).
- Es gibt verschiedene Regeln um Oxidationszahlen zu bestimmen, aber wie bei jeder Regel gibt es auch hier Ausnahmen, die man beherrschen sollte.

© Springer Fachmedien Wiesbaden GmbH 2017
S. Langbein, *Chemische Gleichgewichte*, essentials,
DOI 10.1007/978-3-658-17175-9

# Literatur

"The Nobel Prize in Chemistry 2005". *Nobelprize.org.* Nobel Media AB 2014. Web. 13 Oct 2014. http://www.nobelprize.org/nobel_prizes/chemistry/laureates/2005/.

Patent DE235421: *Verfahren zur synthetischen Darstellung von Ammoniak aus den Elementen.* Veröffentlicht am 13. Oktober **1908**.

H.P. Latscha, H.A. Klein, Anorganische Chemie Chemie-Basiswissen I, Springer Verlag **2007**, 8. Auflage, 208ff.

R.G. Pearson, JACS **1963**, *85*, 3533–3539.

© Springer Fachmedien Wiesbaden GmbH 2017
S. Langbein, *Chemische Gleichgewichte,* essentials,
DOI 10.1007/978-3-658-17175-9